Die Reihe
AUF SCHIENEN UNTERWEGS

DIE WUPPERTALER SCHWEBEBAHN

Auf der Weltausstellung in Paris im Jahre 1900 stellte die MAN, Zweiganstalt Gustavsburg einem internationalen Publikum zwei „Elberfelder-Längsträger" vor. Diese wurden dann am Hardtufer in Barmen zwischen den Pendelstützen 310 bis 313 eingebaut. Das charakteristische Merkmal dieser Brücken-Generation waren ihre eingeschlitzten Schienenträger und die durchgesteckten Knotenbleche. Da Brüche im Bereich der Schrägstabanschlüsse der Längsträger auf der Elberfelder Strecke festgestellt wurden, entwickelten die Konstrukteure der MAN eine neue Schienenträger-Anhängung für die geplante Barmer Strecke.

Barmen: Ein Gelenktriebwagen am Hardtufer, auf der Fahrt von der Haltestelle Völklinger Straße in Richtung Landgericht, 1997.

Die Reihe
AUF SCHIENEN UNTERWEGS

DIE WUPPERTALER SCHWEBEBAHN

Herbert Günther

SUTTON VERLAG

Sutton Verlag GmbH
Hochheimer Straße 59
99094 Erfurt
www.suttonverlag.de

ISBN-13: 978-3-89702-679-7

Books on Demand GmbH, Norderstedt, Deutschland

Die im Jahre 1967 demontierte Haltestelle Rathausbrücke (heute Alter Markt) mit einem Zweiwagenzug der Baureihe 1930 (B30) kurz vor dem Abriss.

Inhaltsverzeichnis

Fotonachweis

Bildstelle der Wuppertaler Stadtwerke: 31 (u), 46 (u), 47 (u), 48
Sammlung Herbert Günther: 4, 6, 20 (o), 22 (u), 32 (u), 33 (u)

Alle anderen Fotos wurden vom Autor mit Leica und Nikon-Kameras aufgenommen. Für diesen Bildband wurden Objektive mit den Brennweiten 28, 35, 50, 80-200 und 400 mm verwendet. Die Aufnahmen der historischen Schwebebahn entstanden zwischen 1995 und 1999.

Literatur und Quellen

GESCHICHTE IM WUPPERTAL, 6. Jahrgang, 1997.
GESCHICHTE IM WUPPERTAL, 7. Jahrgang, 1998.
H.F. SCHIERK, H. SCHMIDT: Die Schwebebahn in Wuppertal, Arbeitsheft 19, Landeskonservator Rheinland, 1976.
WESTDEUTSCHE ZEITUNG, 14. Februar 1996, 16. Oktober 1998.
WUPPERTALER RUNDSCHAU, 7. Oktober 1982.
WUPPERTALER STADTWERKE: Ausbau Schwebebahn, 1997.
WUPPERTALER STADTWERKE: Die Wuppertaler Schwebebahn, 1990.

Im April 1967 machte die Verbreiterung der großen Straßenkreuzung am Alten Markt in Barmen den Neubau des Schwebebahngerüsts notwendig.

Wuppertals schwebender Paternoster

Wuppertal ist die weltweit einmalige Kombination von Bandstadt und Mittelgebirgsstadt. Die Struktur der Stadt wird bestimmt durch eine rund elf Kilometer lange, zwischen hohe Hügel eingezwängte Talachse. Diese bildet die Stadtmitte Wuppertals. Durch sie fließt in vielen Windungen die Wupper – und den freien Platz über dem Fluss nutzt die Schwebebahn. Deren riesiges Stahl-Gebäude prägt als „Eisernes Rückgrat" das Stadtbild. Die Schwebebahn ist das mit Abstand wichtigste öffentliche Verkehrsmittel der Stadt. An einem durchschnittlichen Werktag fahren 72.000 Menschen mit ihr, über 23 Millionen sind es im Jahr. 13,3 Kilometer ist die Strecke lang, davon führen 10 Kilometer über die Wupper. 20 Stationen erschließen die Strecke.

In der Hauptverkehrszeit fährt die Bahn im Dreieinhalbminutentakt. Wer mit der Schwebebahn fährt, fährt mit einem schwebenden Paternoster durch Wuppertal. Aufgereiht wie auf einer Perlenkette liegen die meisten wichtigen Stadtviertel, Gebäude und Institutionen der Stadt entlang der Schwebebahn. In 30 Minuten voller Abwechslung und scharfer Kontraste durcheilt man die großen Cities Barmen und Elberfeld, man sieht die wunderschöne historistische Stadthalle, die Oper und das Schauspielhaus, alle wichtigen Museen, das Wuppertaler Rathaus, Bildungseinrichtungen und alle bedeutenden Bahnhöfe – alles nur einen Katzensprung von einer der Haltestellen entfernt. Von oben hat man den Blick auf altbergische Barockhäuser und Fabriken des 19. Jahrhunderts, auf alte Stadtquartiere und neue Büropaläste und Einkaufszentren. Man schaut hinab auf die Wupper und passiert eine sehr vielfältige Brückenlandschaft aus Wupperbrücken, die seit 1830 bis heute entstanden. Aus der Schwebebahn blickt man auch hinauf auf die Stadtquartiere, welche die Hügel links und rechts des Tals bedecken, auf die Bergische Universität, Wälder und die großen stadtnahen Parks der Barmer Anlagen und der Hardt.

Zwar gibt es weltweit eine ganze Reihe von Einschienenbahnen bzw. Monorails, aber das System der Schwebebahn blieb einmalig: Eine hängende Einschienenbahn, bei der die obenliegenden Stahlräder auf einer Stahlschiene laufen. Deshalb kann der einspurige Waggon in den Kurven frei ausschwingen, wie es die Fliehkraft verlangt, gewissermaßen ein „Pendolino" mit den Rädern oben. Dies erlaubt auch in den engen Kurven eine hohe Geschwindigkeit. So hat Wuppertal seit über 100 Jahren und auch künftig ein modernes und vor allem den Bedingungen der engen Bandstadt optimal angepasstes Verkehrssystem.

Wem verdankt Wuppertal diese geniale Schwebebahn? In den Achtzigerjahren des 19. Jahrhunderts bildeten die Schwesterstädte Barmen und Elberfeld eine der wichtigsten Industriemetropolen Europas. 1905 zählten die Kommunen, die 1929 zum heutigen Wuppertal zusammengeschlossen wurden, 375.000 Einwohner, knapp 10.000 mehr als heute. Aber im engen Tal bewirkten die nur sieben bis neun Meter schmalen Straßen der Innenstädte eine für die Stadtentwicklung katastrophale Verkehrssituation. Was man dringendst brauchte, war eine schnelle Stadtbahn zwischen Barmen, Elberfeld und Vohwinkel. Wegen des geologisch höchst ungünstigen Untergrundes kam eine U-Bahn nicht in Frage. Es blieb die Hochbahn, die dann auf längeren Strecken über die Wupper geführt werden konnte. Die Firma Siemens & Halske legte im Herbst 1889 einen Entwurf vor, der von beiden Städten grundsätzlich angenommen wurde. Aber in den oft engen Wupperkurven konnte eine Stand-Hochbahn nur geringe Geschwindigkeiten erreichen, es bestand die Gefahr von Entgleisung und Absturz – und das gewaltige, sehr teure Gerüst verunstaltete die Städte. Am 28. Dezember 1894 stimmten die Stadtverordneten Barmens und Elberfelds nach gründlichen Prüfungen für Eugen Langens „Einschienenhängebahn", die er „Schwebebahn" getauft hatte.

Der Mut der Wuppertaler Verantwortlichen ist erstaunlich: Sie ließen sich auf ein noch unerprobtes System ein. Aber es gab gute Gründe für den wahrlich kühnen Entschluss. Eugen Langen, geboren am 9. Oktober 1833 in Köln, ist heute weitgehend unbekannt, nur die Zuckerfabrik Pfeifer & Langen trägt seinen Namen. Aber am Ende des 19. Jahrhunderts gehörte Langen in die erste Reihe der deutschen Industriellen – Direktor oder Aufsichtsratsvorsitzender großer Firmen und Banken, Inhaber gewinnträchtiger Patente. Mit Nikolaus August Otto betrieb er die erste Motorenfabrik der Welt, die Gasmotoren-Fabrik Deutz AG. Hier wurde der Ottomotor entwickelt und produziert. Im „Deutschen Reich" und insbesondere im Rheinland war Langen einer der ganz großen Strippenzieher in Wirtschaft und Politik. Seine Pläne galten von vornherein als solide. Und Langen hatte beste Beziehungen zu den führenden Kreisen des Wuppertals. Hinzu kam, dass ein von ihm geführtes Firmenkonsortium eine Paketlösung anbot: Die kapitalkräftige Elektrizitäts-Aktiengesellschaft (vormals Schuckert & Co.) Nürnberg lieferte die elektrische Ausrüstung und finanzierte das Baukapital von über 16 Millionen (Gold-) Mark. Die Waggonfabrik van der Zypen & Charlier aus Köln-Deutz produzierte die Wagen – die weltweit ersten, die nur aus Eisen aufgebaut waren – und die Maschinenbau-Aktiengesellschaft Nürnberg, die 1898 zur heutigen MAN fusionierte, baute als Generalunternehmer das Gerüst. Konstruiert wurde es von ihrem Direktor Anton Rieppel, einem der wichtigsten Brückenkonstrukteure seiner Zeit, seine bedeutendste Leistung ist die 1897 fertig gestellte Müngstener-Brücke zwischen Remscheid und Solingen. Sein „Tragwerk für einschienige Schwebebahnen" ist derart genial konstruiert, dass es nicht nur über 100 Jahre hielt, sondern Grundlage des seit 1997 errichteten Gerüst-Neubaus ist.

Langen erlebte den Bau nicht mehr, er starb am 2. Oktober 1895. Das Baubüro der MAN zog von der Müngstener Brücke nach Elberfeld um und im Juni 1898 begann der Bau. Am 1. März 1901 wurde die Strecke Kluse–Zoo eingeweiht, am 24. Mai war auch Vohwinkel Schwebebahnstadt. Vollendet war die Schwebebahn mit der Eröffnung der Strecke von Oberbarmen bis zur Kluse am 27. Juni 1903.

Nach einhundert Jahren wird Stahl langsam müde – und so war das alte Schwebebahngerüst an den Grenzen seiner Verwendbarkeit angelangt und musste durch ein neues ersetzt werden. Das neue Gerüst wurde dem alten weitgehend originalgetreu nachkonstruiert. Die Neubau-Arbeiten begannen am 23. April 1996 und werden frühestens 2006 vollendet sein. Erhalten bleiben die vier Haltestellen Werther Brücke von 1903, Döppersberg (1926), Alter Markt (1967) und Ohligsmühle (1982). Von Januar bis Anfang Juni 1997 konnte eine breite Bürgerbewegung erreichen, dass auch die aus der Erbauungszeit stammenden Stationen Berliner Platz, Völklinger Straße und Landgericht sowie die Jugendstil-Wagenhalle Oberbarmen rekonstruiert werden.

Die Fotos von Herbert Günther zeigen bereits, was die „Neue Schwebebahn" nach ihrer Fertigstellung sein wird: Eine moderne Stadtbahn des 21. Jahrhunderts und gleichzeitig das Zeugnis von über 100 Jahren Schwebebahn- und Stadtgeschichte. So bleibt sie für die Bürger und ihre Besucher das wichtigste Element des Stadtbildes und Symbol der „Schwebebahnstadt Wuppertal".

Hans Joachim de Bruyn-Ouboter

1

Die Historische Schwebebahn

Die unter Denkmalschutz stehende Wagenhalle in Oberbarmen, 1998. Die neue Halle soll in Anlehnung an die alte Architektur errichtet werden. Diese ist dann 30 Meter länger und gut 4 Meter breiter, sodass zusätzliche Wagen abgestellt werden können. Um die geplante Taktzeit von 90 Sekunden zu gewährleisten, wird eine zweite Wendeschleife eingebaut, damit die Schwebebahnzüge drehen können, ohne die ganze Halle durchfahren zu müssen. Der Entwurf stammt vom Ingenieurbüro Spiekermann, Düsseldorf.

Unmittelbar neben der Wagenhalle befindet sich die Haltestelle Oberbarmen. Von hier startet die Bahn ihre 13,3 Kilometer lange Fahrt in Richtung Vohwinkel. Geplant ist eine Rekonstruktion der jetzigen Station, die das charakteristische Erscheinungsbild äußerlich weitgehend erhält. Um den steigenden Fahrgaststrom zu bewältigen, soll zur Straßenbrücke hin ein zweiter Treppenaufgang geschaffen werden. (Entwurf: Architekturbüro Drosdowski, Radevormwald)

Eine 1903 aufgestellte „vierbeinige“ Ankerstütze der Barmer Strecke an der Rosenau in Oberbarmen. Die Ankerstützen geben dem Gerüst der Schwebebahn die Standfestigkeit und sind in Abständen von 200 bis 300 Metern in die Bahnstrecke eingebaut.

Eine „zweibeinige" Pendelstütze von 1903. Das Traggerüst der Schwebebahn konstruierte der damalige Direktor der MAN, Anton Rieppel (1852-1926). Es besteht aus 468 Brücken von 21 bis 33 Metern Länge.

Die Bahnsteige der 1903 fertig gestellten Haltestelle Wupperfeld, 1995. Wie alle Haltestellen der Barmer Strecke erhielt auch dieser Bahnhof leichtere, material- und kostensparende Kragdächer, die nur die Bahnsteigbereiche und nicht die Tragwerkkonstruktion überdachen. Diese Haltestellen bekamen ihre ästhetische Qualität durch den Geometrischen Jugendstil der Entstehungszeit: Sie werden bestimmt vom Schwarz-Weiß-Kontrast und einem rhythmisierten Aufbau der Konstruktion.

Die Gesamtkonstruktion der historischen Schwebebahn wog mit Bahnhöfen und Wagenhallen ursprünglich 19.250 Tonnen. Das ist die Haltestelle Wupperfeld von der Brändströmstraße aus gesehen, 1997.

Nach der vorgesehenen Taktzeitverkürzung auf 90 Sekunden gehören solche halsbrecherischen Sprints hoffentlich der Vergangenheit an.

Treppenaufgang zum Bahnsteig der Haltestelle Werther Brücke, 1998.

Die Bahnsteige der Haltestelle Werther Brücke (1995), unten in Richtung Elberfeld. Bis zur Unterschutzstellung der Bahn (1997) standen nur die Haltestellen Döppersberg (Elberfelder Strecke) und Werther Brücke (Barmer Strecke) unter Denkmalschutz.

Der Bahnsteig der Haltestelle Werther Brücke in Fahrtrichtung Oberbarmen, 1995. Aus repräsentativen Gründen bekamen die Barmer Innenstadt-Bahnhöfe Rathausbrücke (heute Alter Markt) und Werther Brücke eine Fensterreihe und ein bogenförmiges Dach aufgesetzt.

Die Haltestelle Werther Brücke. Auch dieser Jugendstilbahnhof muss einer Rekonstruktion weichen, die aber im Wesentlichen der alten Architektur entspricht. Dabei werden möglichst viele Teile der Originalsubstanz wieder verwendet. Dieser Entwurf ist grundlegend für

alle Bahnhofs-Rekonstruktionen und sowohl vom Denkmalschutz als auch von der städtischen Denkmalpflegekommission als gut gelungen akzeptiert worden. (Planung: Ingenieurbüro Spiekermann, Düsseldorf)

Die 1903 errichtete Haltestelle Rathausbrücke (heute Alter Markt) im Einweihungsjahr mit einem Wagenzug der Baureihe 1903 (B03). Im Zuge des Talstraßenausbaus wurde sie im Jahre 1967 durch die heutige Haltestelle ersetzt.

Die Haltestelle Adlerbrücke mit den Zugängen zu den Bahnsteigen im Jahre 1997. Wie schon beim Bau der Elberfelder Strecke stellte man in Barmen zuerst die Tragkonstruktion auf und montierte dann – zwischen einer Pendelstütze und einer schweren Ankerstütze – die Bahnhöfe an das Gerüst.

Die Bahnsteige der Haltestelle Adlerbrücke in Fahrtrichtung Oberbarmen, 1998.

Innenaufnahme der Haltestelle Adlerbrücke mit einem aus Richtung Vohwinkel ankommenden Gelenktriebwagen der Baureihe 1972 (GTW 72).

Der „Umbau 1962“ (U62) war der Prototyp aller Gelenktriebwagen. Er wurde in der Werkstatt Vohwinkel aus zwei Wagen der Baureihe 1950 zusammengefügt, denen die Frontseite bzw. das Wagenheck entfernt und ein selbst entwickeltes Mittelteil eingefügt wurde. Blau lackiert bekam er schnell den Namen „Blauer Enzian“. 1965 ging eine technisch verbesserte Version des Gelenktriebwagens (U65) in Betrieb. Dieser erhielt die damals klassische Schwebebahnlackierung in Rot. Beide Probezüge wurden 1974 außer Dienst gestellt. Heute befahren 27 Gelenktriebwagen, die von Juli 1972 bis März 1975 in Betrieb gingen, die Strecke. Die Waggons lösten die bis dahin traditionellen Zweiwagenzüge ab.

Die Haltestelle Loher Brücke, 1998.

Die Bahnsteige der Haltestelle Loher Brücke in Fahrtrichtung Elberfeld, 1997. Anfangs waren die Haltestellen noch mit Schranken zwischen Bahnsteig und Fahrbahn versehen. Um die Abwicklung der ständig steigenden Fahrgastzahlen zu verbessern, entfernte man diese Anfang der 20er-Jahre.

Die Haltestelle Völklinger Straße mit einem in Richtung Oberbarmen einfahrenden Zug, 1997. Auch diese Station soll rekonstruiert werden. Die Entfernung der Haltestellen voneinander beträgt im Durchschnitt etwa 700 Meter. Die größte Distanz haben mit zirka 1.000 Metern Völklinger Straße und Landgericht, die kleinste mit 340 Metern Döppersberg und Ohligsmühle.

Die Bahnsteige der Haltestelle Völklinger Straße in Fahrtrichtung Oberbarmen, 1997.

Der immer dichtere Straßenverkehr wirkt sich positiv auf das Fahrgastaufkommen der Schwebebahn aus. Benutzten 1984 etwa16 Millionen Fahrgäste die Bahn, sind es heute jährlich über 23 Millionen, Tendenz steigend.

Aus Richtung Oberbarmen kommend ist die Haltestelle Landgericht die letzte Station der „Barmer Strecke", bereits auf Elberfelder Gebiet. Auf dem Foto (1997) verlässt ein Gelenkzug den Bahnhof in Richtung Elberfeld, Döppersberg. Auch diese Station soll rekonstruiert werden.

Der Bahnsteig der Haltestelle Landgericht mit dem in Fahrtrichtung Oberbarmen schwebenden „Kaiserwagen“, 1995. Wilhelm II. und seine Gemahlin besuchten am 24. Oktober 1900 die Wupperstädte. Im Wagen Nr. 5 schwebten sie auf kaiserlicher Probefahrt von Elberfeld nach Vohwinkel. Seit der Restaurierung im Jahre 1976 lädt der „Kaiserwagen“ als „Schwebende gute Stube Wuppertals“ zu Frühschoppen- oder Kaffeefahrten ein. Man kann ihn auch zu privaten Anlässen mieten.

Im Jahre 1990 erhielt die Haltestelle Landgericht – nach Jahrzehnten – ihre Treppentürmchen zurück, die von Lehrlingen der Wuppertaler Stadtwerke gefertigt worden waren.

Die Haltestellen Werther Brücke, Landgericht (im Bild, 1996), Völklinger Straße, Berliner Platz und die Wagenhalle Oberbarmen sollen rekonstruiert werden.

Blick aus dem 16. Stockwerk des Justizhochhauses am Eiland auf das beschauliche Unterbarmen, 1997. Links unten befinden sich der Bahnhof Landgericht und der Streckenverlauf der Schwebebahn am Hardtufer.

Aus der 16. Etage des Justizhochhauses schauen wir in Richtung Elberfeld. Links sehen wir das Schauspielhaus mit dem CinemaxX an der Kluse, in der Mitte die Bundesallee und im Hintergrund den Döppersberg. Heute sind diese Aufnahmen nicht mehr möglich, da der asbestverseuchte Koloss, 1964 erbaut, im Jahre 2002 abgerissen wurde.

Die Schwebebahn am Kluser Wupperbogen in Fahrtrichtung Oberbarmen, 1995.

Die Bahn an der Einmündung der Bembergstraße in die Bundesallee mit einem in Richtung Döppersberg fahrenden Gelenktriebwagen, 1995.

An der Kluse, bei Pendelstütze 273, endete im Jahre 1899 die „Elberfelder Strecke". Zahlreiche Einsprüche aus Barmen verzögerten den Baubeginn des 5.618 Meter langen Barmer Streckenabschnitts. Erst im Juni 1901 begann die Firma MAN an der Kluse im Anschluss an die Pendelstütze 273 mit der Aufstellung des Tragwerks. Danach ruhten auf Grund von Hochwasser der Wupper vom November 1901 bis März 1902 die Bauarbeiten. Die „Barmer Strecke" und damit die gesamte Schwebebahn zwischen Rittershausen (Oberbarmen) und Vohwinkel konnte schließlich am 27. Juni 1903 in Betrieb genommen werden.

Elberfeld, Gerüst an der Kluse, 1995. Die Pfeiler 267 und 268 trugen den im Zweiten Weltkrieg zerstörten Bahnhof Kluse. Im Bereich der Stützen 269 und 270 verrichtete bis zur Inbetriebnahme der Barmer Strecke (1903) eine Rückkehrschleife mit einem Radius von 8 Metern ihren Dienst.

Die Ankerstütze 238 an der Ohligsmühle, 1998. Sie trug bis zum Luftangriff auf Elberfeld am 25. Juni 1943 die Haltestelle Alexanderbrücke (Foto unten). Der Bahnhof, bei diesem Angriff wie die Haltestelle Kluse schwer getroffen, wurde Anfang der 50er-Jahre abgerissen.

Die 1925/1926 errichtete Haltestelle Döppersberg, 1998. Der auch „Badewanne" genannte alte Bahnhof (Foto unten), nach einem Entwurf des Berliner Architekten Bruno Möhring im Jahre 1900 erbaut, konnte den steigenden Fahrgastverkehr nicht mehr bewältigen. Der heutige Bahnhof, nach einem Entwurf des Barmer Architekten Clemens Julius Mangner erstellt, ist auf der Südseite mit einem Geschäftshaus, dem „KÖBO-Haus", verbunden. Der in Massivbauweise errichtete Bahnhof ist statisch getrennt vom Schwebebahngerüst, das durch ihn hindurchgeführt wird.

Das im Mai 1955 fertig gestellte Bogentragwerk an der Ohligsmühle, 1998. Anfang der 50er-Jahre begann die Stadt Wuppertal das Talstraßenprojekt auszuführen, das bereits seit 1939 geplant wurde. Die Talstraße wurde zwischen Tannenbergstraße (heute Robert-Daum-Platz) im Westen und Oberbarmen im Osten vierspurig ausgebaut. Da die unter der Schwebebahn liegenden Wupperbrücken ebenfalls verbreitert wurden, mussten hier neue Gerüstkonstruktionen gebaut werden.

Die Haltestelle Robert-Daum-Platz, 1995. Der Fahrkartenverkauf in den Stationen auf der Wasserstrecke fand unterhalb der Bahnsteige in der Schalterhalle statt, in denen auch die Signalräume untergebracht waren. Später verrichteten dort Fahrkartenautomaten ihren Dienst.

Die Bahnsteige der zur Elberfelder Strecke gehörenden Haltestelle Robert-Daum-Platz in Fahrtrichtung Barmen (oben) und in Richtung Vohwinkel (unten), 1995.

Im Zuge des Schwebebahnausbaus führte eine an der Fahrschiene vergessene Stahlkralle kurz vor der Station Robert-Daum-Platz zu dem bisher schwersten Unglück in der Geschichte der Bahn. Am Morgen des 12. April 1999 verloren fünf Menschen ihr Leben, 47 Personen wurden zum Teil schwer verletzt, als die erste Bahn aus Richtung Vohwinkel kommend gegen diese Stahlkralle fuhr und aus etwa 12 Metern Höhe in die Wupper stürzte.

Noch Tage nach dem Unglück war die Absturzstelle von vielen passionierten Herumstehern belagert, die immer dort auftauchen, wo es etwas zu sehen gibt.

Die Bahn am Arrenberg in Elberfeld zwischen den Haltestellen Robert-Daum-Platz und Pestalozzistraße. Nach der Fertigstellung der ältesten westdeutschen Eisenbahnlinie Düsseldorf–Elberfeld im Jahre 1841 entwickelte sich der Arrenberg zu einem günstigen Gewerbestandort. Betriebe, aber auch öffentliche Einrichtungen siedelten sich an. So das Ferdinand-Sauerbruch-Klinikum (1859), das Bayer-Werk (1866) und der städtische Schlacht- und Viehhof (1879). Heute ist der Arrenberg eine der Problemzonen der Stadt. Die Lebens- und Wohnqualität wird von vielen als negativ beurteilt.

Die Haltestelle Pestalozzistraße, 1998. Wie alle Bahnhöfe auf der Elberfelder- und der Landstrecke erhielt auch er ein Satteldach aus Wellblech und deswegen den Spitznamen „Scheune“. Nur die alte Station Döppersberg wurde aus repräsentativen Gründen mit einer Bogendach-Konstruktion gestaltet.

Die Bahnsteige der Haltestelle Pestalozzistraße in Fahrtrichtung Barmen, 1995.

Der Bahnhof Pestalozzistraße mit seinen treuen Bewohnern, den Tauben.

Noch einmal das Quartier Arrenberg mit einem in Richtung Pestalozzistraße fahrenden Gelenktriebwagen, 1994. Im Hintergrund der Fernsehturm „Rigi Kulm".

Die Haltestelle Westende mit einem in Richtung Barmen fahrenden Zug, 1998. Im Hintergrund erkennt man die Häuser an der Friedrich-Ebert-Straße, der Vogelsaue und auf dem Nützenberg.

Die Haltestelle Westende, fotografiert in östlicher Richtung, 1995. Rechts befindet sich das Gebäude des Heizkraftwerks an der Kabelstraße, links unten der Zugang zu den Bahnsteigen.

Die Bahnsteige der Schwebebahnstationen wurden über Zugänge von Straßen oder Wupperbrücken betreten. Ausnahme war die Haltestelle Westende, hier erfolgte der Zugang über die Wupper und von der Seite her (Zustand 1995).

Die Bahnsteige der Haltestelle Westende mit einem aus Barmen kommenden Gelenktriebwagen, der in Fahrtrichtung Vohwinkel noch einige Kilometer vor sich hat, 1997.

Das Bayer-Werk und die Schwebebahn, zwei Begriffe, die Wuppertal weltweit bekannt machten. Hier ist das Werk des Konzerns in Elberfeld, Varresbeck zu sehen. Friedrich Bayer, Farbenfabrikant in Barmen, hatte im Jahre 1866 für eine zweite Fabrik von der Stadt Elberfeld ein Grundstück an der Vogelsaue erworben. Im Jahr darauf konnte er mit der Produktion des aus Teer gewonnenen künstlichen Farbstoffs Fuchsin beginnen.

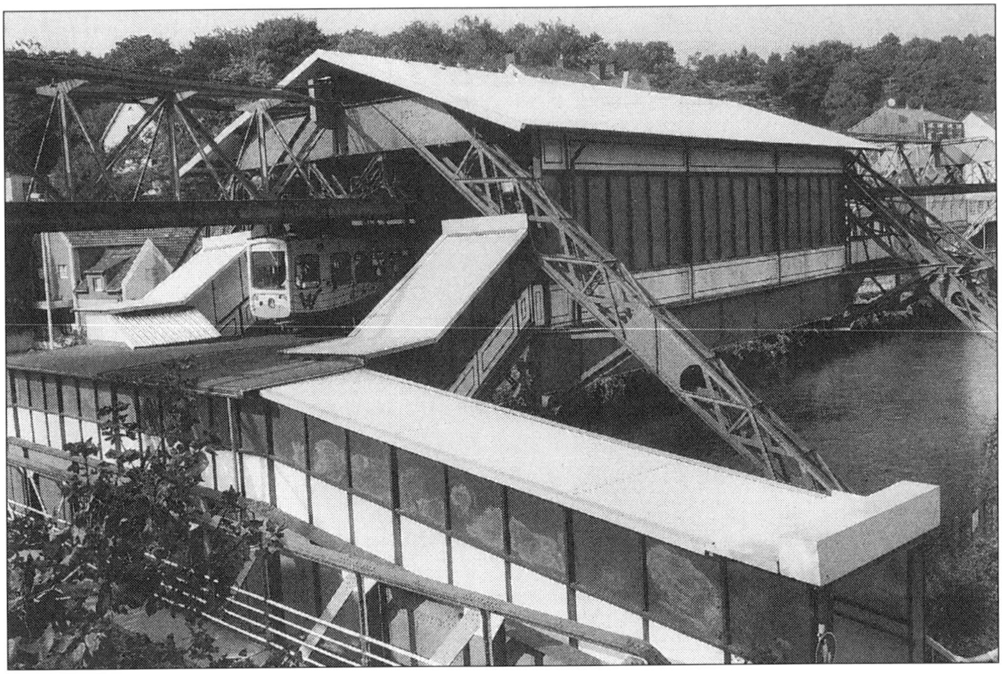

Der erste und damit älteste Bahnhof der Schwebebahn – die anderen auf der Elberfelder Strecke folgten etwas später – war der im Jahre 1899 erbaute Bahnhof Varresbeck. Dieser war seit 1997 für ein geplantes Schwebebahnmuseum vorgesehen. Doch scheiterte das Vorhaben u.a. am Geldmangel. Laut Wuppertaler Stadtwerke hätten die Kosten für den fachmännischen Abbau bei etwa 600.000 Mark gelegen. Im Mai 2001 wurde die Haltestelle Varresbeck verschrottet. (Foto oben von 1998; unten von 1977)

Die Bahnsteige der Haltestelle Varresbeck in Fahrtrichtung Vohwinkel (oben, 1999) und Barmen (unten, 1999). Der zweite Vorsitzende und Beauftragter für Denkmal- und Stadtbildpflege des Bergischen Geschichtsvereins, Abteilung Wuppertal, Hans Joachim de Bruyn-Ouboter, sagte in einem Gespräch mit der „Westdeutschen Zeitung“ (2001) zum Thema Station Varresbeck: „Man darf ein Weltkulturerbe nicht einfach verschrotten. Später werde man als „Provinztrottel“ hingestellt, wenn nichts von der Originalsubstanz erhalten bleibt.“

An der Ankerstütze 140 (Mitte) endete der östliche Teil der damaligen „Probestrecke" der Schwebebahn. Unmittelbar nach deren Fertigstellung begannen im Herbst 1898 die Bauarbeiten an der 3.749 Meter langen „Elberfelder Strecke" von der Varresbeck (Ankerstütze 140) bis zu den Stützen 272 und 273 im Bereich Kluse.

Die Ankerstütze 112 bildete das westliche Ende der 795 Meter langen „Probestrecke“. Mit der Aufstellung der Tragwerkskonstruktion begannen die Stahlbau- firmen im Juni 1898. Sie reichte von der Gasanstalt in der Varresbeck (Ankerstütze 140) bis zur Ankerstütze 112 am Sonnborner Eisenbahn-Viadukt (1841-1912). Im September 1898 fanden dort die ersten Fahrversuche mit einem Einzelwagen und einem Zweiwagenzug des Prototyps B 1898 statt. Bei den Versuchsfahrten im Sommer 1899 erreichten die Waggons eine Fahrgeschwindigkeit von 50 Kilometern in der Stunde. Nach Beendigung der Bauarbeiten an der „Elberfelder Strecke“ im Jahr 1899 begannen die Arbeiten zur Gerüst-Montage der 3.231 Meter langen „Landstrecke“ von der Ankerstütze 112 am Sonnborner Eisenbahn-Viadukt zum künftigen Endbahnhof Vohwinkel. Am 1. März 1901 fand die Eröffnung der „Elberfelder Strecke“ Kluse–Zoo statt. Der Fahrgastverkehr auf dem Streckenabschnitt Kluse–Vohwinkel wurde aus organisatorischen Gründen erst am 24. Mai 1901 freigegeben.

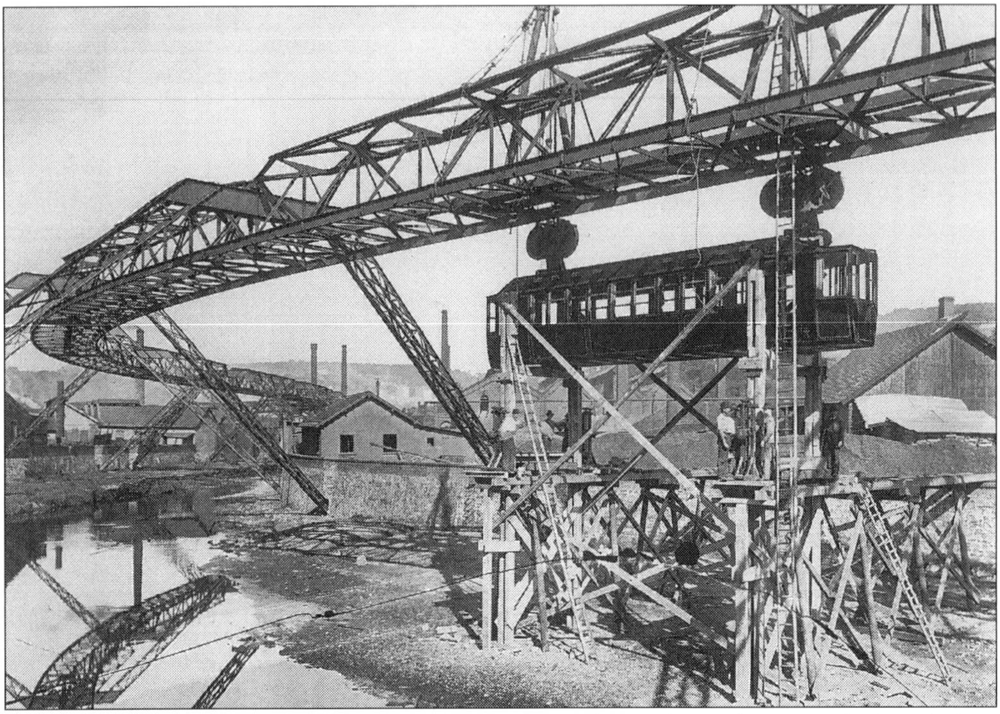

Aufgleisung des Einzelwagens an das Tragwerk der Probestrecke in der Varresbeck, 16. September 1898.

Ein Zweiwagenzug, Baujahr 1898, bei einer der vielen Versuchsfahrten auf der Probestrecke im Sommer 1899. Die beiden Probewagen, später nie im Personenverkehr eingesetzt, wurden um 1920 verschrottet.

Der letzte Bahnhof der Wupperstrecke ist die Haltestelle Zoo-Stadion im Stadtteil Sonnborn, 1997. Waren es anfangs nur die Besucher des 1881 eröffneten Zoologischen Gartens, die ihn aufsuchten, wuchs die Zahl der Fahrgäste durch die Erschließung des Zoo-Viertels und des 1924 fertig gestellten Wuppertaler Stadions stetig. Auf dem Foto, das den Bahnhof mit einem in Richtung Vohwinkel einfahrenden Gelenktriebwagen zeigt, ist im Hintergrund das Stadion zu erkennen.

Ansicht der Haltestelle Zoo-Stadion an der „Kothener Brücke“ mit dem Zugang von der Sonnborner Straße, 1997.

Die Haltestelle Zoo-Stadion mit einem in Richtung Barmen einfahrenden Gelenktriebwagen. In der Mitte erkennt man den Zugang zu den Bahnsteigen von der Hubertusallee aus gesehen, 1995.

Die Schalterhalle der Station Zoo-Stadion. Kurz nach der Entstehung dieser Aufnahme wurde der Fahrkartenverkauf durch Personal von den Stadtwerken eingestellt, 1995.

Die Bahnsteige der besonders an Wochenenden und zu Sportveranstaltungen stark frequentierten Haltestelle Zoo-Stadion, 1995 (oben in Fahrtrichtung Vohwinkel, unten in Richtung Barmen).

Die im Jahre 1974 errichtete drehscheibenähnliche Wendeanlage der Schwebebahn im Bereich der Station Zoo-Stadion, 1998. Grund des Baus war eine Abschwächung des Verkehrsaufkommens in den Spätstunden in Richtung Vohwinkel, außerdem die geplante Streckenverlängerung über Oberbarmen hinaus nach Nächstebreck, wo ein Neubaugebiet für 28.000 Menschen entstehen sollte. Aus dem Projekt in Nächstebreck wurde nichts. Stattdessen verstärkte die Stadt den Wohnungsbau im Raum Vohwinkel. Die Wendeanlage hatte ihre Aufgabe verloren und wurde im Zuge des Neubaus der Schwebebahn im Jahre 2002 demontiert.

Nach gut 10 Kilometern über dem Flussbett der Wupper verlässt die Bahn in Sonnborn die Wasserstrecke, um die letzten 3,3 Kilometer über Land zu fahren, 1998.

Der 1971 gebaute Übergang von der Wasser- zur Landstrecke in Sonnborn, im Hintergrund die 1926 eingeweihte evangelische Sonnborner Kirche, (Foto von 1983). Die Kurve wird beim Neubau der Bahn von derzeit 90 Meter auf 120 Meter verlängert, um mit einer größeren Geschwindigkeit fahren zu können. Statt drei Stützen wird dann ein mit Drahtseilen bestückter, 29 Meter hoher, parabelförmiger Pylon das Schwebebahngerüst halten und das Tor zu Sonnborn bilden.

Der Verlauf der „Landstrecke" der Schwebebahn vom Turm der Sonnborner Kirche aus gesehen, 1998. Die Fahrhöhe der Bahn auf der Landstrecke liegt bei 8 Metern, die über der Wupper bei etwa 12 Metern.

Detailansicht einer schweren Ankerstütze, die den Sonnborner Schwebebahnhof trug, 1996.

Von 1900 bis 1951 gab es eine Wendeanlage unterhalb der Station Zoo-Stadion. Sie wurde gehalten von einem Ensemble verstärkter Anker- und Pendelstützen. Das Foto von 1999 zeigt die Pendelstütze 101.

Die „Portalstütze“ genannte Ankerstütze 103 im Bereich der Station Zoo-Stadion, 1999. Sie wurde wie die Ankerstütze 105 speziell für die erste Rückkehrschleife konstruiert.

Die Ankerstützen der Landstrecke werden „Bogenankerstützen“ genannt. Das Foto von 1997 zeigt eine Detailaufnahme an der Eugen-Langen-Straße in Vohwinkel, benannt zu Ehren des Erfinders der Schwebebahn.

Sonnborn, 11. September 1968 gegen 20.40 Uhr. Der Anhänger eines Lastwagens prallte an der Einmündung Rutenbeck gegen die „Bogenpendelstütze“ 87 und riss sie aus ihrer Verankerung. Zwei Brücken mit über 100 Tonnen Gewicht stürzten auf die Sonnborner Straße. Verletzt wurde zum Glück niemand. Zehn Wochen stand die Schwebebahn danach still.

Ein Foto von den Aufräumungsarbeiten am Abend des 12. September 1968.

Sonnborn, 1998: Die Montage der beiden nach alten Konstruktionsplänen neu erstellten Brücken und der Bogenpendelstütze erfolgte im November 1968. Die Ingenieure der Schwebebahn-Werkstatt entwickelten die Brückenenden und die Brückenlager als Prototyp neu.

Die eng zwischen die Häuser eingebaute Haltestelle Sonnborn, 1995. Auf der Abbildung ist der Bahnhof in Fahrtrichtung Barmen zu sehen. Die Stationen der Landstrecke, mit Ausnahme des Endbahnhofs Vohwinkel, verfügten über keine Schalterhallen. Für Fahrgäste in Richtung Barmen befand sich der Fahrkartenschalter auf dem Bahnsteig. Die Reisenden in Richtung Vohwinkel mussten ihren Fahrschein beim Schaffner lösen.

Die Bahnsteige der Haltestelle Sonnborn in Fahrtrichtung Vohwinkel, 1995. Von 1951 bis 1953 musste bei Fahrten mit der Schwebebahn ein Zuschlag von 5 Pfennigen entrichtet werden, die so genannte „Höhensteuer". Zahlreiche Proteste, vor allem aus den Stadtteilen Sonnborn und Vohwinkel, deren Bewohner auf die Bahn angewiesen waren, führten dazu, dass dieses Ärgernis wieder abgeschafft wurde.

In den Jahren 1970 bis 1974 entstand in Sonnborn das damals größte Schnellstraßenkreuz Europas, (Foto von 1973). Um für den Autoverkehr eine sichere Durchfahrtshöhe zu erzielen, musste das Schwebebahngerüst auf einer Länge von 500 Metern um 2,16 Meter angehoben werden.

Die Bahnsteige der Haltestelle Hammerstein in Fahrtrichtung Vohwinkel bei Nacht, 1998. Der Bahnhof hat eine interessante Vergangenheit. Im Februar 1923 besetzten französische Truppen im Zuge der Ruhrbesetzung den „Außenposten Vohwinkel". Die Reparationskommission der Alliierten hatte einen Rückstand deutscher Verpflichtungen nach dem Versailler Vertrag festgestellt. Der Bürgermeister der seit 1922 selbstständigen Stadt Vohwinkel, Dr. Landwehr, wurde verhaftet, „in der Varresbeck ausgesetzt und dort seinem Schicksal überlassen", wie es damals anklagend hieß – als ob die Elberfelder Varresbeck im Urwald läge. Die Besatzung trennte durch Zollsperren die Stadt vom restlichen Wuppertal. Eine dieser Zollsperren war die Station Hammerstein. Dort wurden die Fahrgäste samt ihrem Gepäck kontrolliert. Verdächtige Personen mussten sich vor Ort einer Leibesvisitation unterziehen. „Oft sah man sogar in der Schwebebahn die entkleideten Personen, die ihre Schmugglerware abgeben mussten", so ein Chronist. Trotz aller Repressalien, die Bahn blieb weiter interessant. Das Fahrpersonal, von den Franzosen nicht kontrolliert, trug auch an warmen Tagen weite schwere Wintermäntel, die so manches verbargen. Kaffee, Tabak und Sonstiges für die hilfsbedürftigen Vohwinkler brachten die Schwebebahner über die Grenze. Ohne den erhofften Erfolg endete im Oktober 1924 die französische Ruhrbesetzung und die Vohwinkels.

Die Haltestelle Hammerstein in Fahrtrichtung Endbahnhof Vohwinkel, 1995.

Die Haltestelle Bruch, hier mit einem aus Elberfeld kommenden Gelenktriebwagen, der die letzten 700 Meter zum Endbahnhof Vohwinkel noch vor sich hat, 1998.

Die Bahnsteige der Haltestelle Bruch in Fahrtrichtung Vohwinkel, Kaiserplatz, 1995. Das Foto zeigt, dass die Konstruktion der Hallen der Landstrecken-Stationen die gleiche ist wie die der Haltesstellen der „Elberfelder Strecke".

Ein in Richtung Elberfeld fahrender Gelenkzug bei einem Zwischenstopp im Bahnhof Bruch.

Der Zugang zum Bahnsteig der Haltestelle Bruch, 1996.

Die Bahn über Vohwinkels Hauptstraße, der Kaiserstraße, in Richtung Endbahnhof, 1997. Der höchste Punkt der Schwebebahn liegt nicht in Oberbarmen, sondern mit 180 Metern in Vohwinkel. Am Sonnborner Kreuz liegt mit 142 Meter über NN (Normalnull) der tiefste Punkt. Die größte Steigung mit 4 Prozent befindet sich im Streckenabschnitt Hammerstein–Vohwinkel.

Der Flohmarkt in Vohwinkel zieht jährlich am letzten September-Wochenende Hunderttausende von Besuchern in seinen Bann. Ein großer Teil der Flohmarktbesucher fährt zu diesem Großereignis mit der Schwebebahn, die dann unter Einsatz aller Züge verkehrt.

Nahaufnahme der großen Pendelstütze 9 am Kaiserplatz in Vohwinkel. In den Morgenstunden des 19. März 1945 griffen US-Jagdbomber mit Bordwaffen und Bomben den Verschiebebahnhof der Reichsbahn in Vohwinkel an. Vor ihrem Weiterflug in Richtung Elberfeld, Bahnhof Steinbeck, nahmen die Piloten im Tiefflug das Gerüst der Schwebebahn ins Visier. Bis zum Frühjahr 2000 waren diese „Erinnerungsstücke“ deutscher Vergangenheit sichtbar.

Der westliche Endpunkt der Schwebebahn – Bahnhof, Wagenhalle und Werkstatt in Vohwinkel, 1997. Die neue Haltestelle – ein Entwurf des Büros Architektur und Stadtplanung, Düsseldorf – soll wie die anderen Stationen in transparenter Bauweise, mit behindertengerechten Aufzügen, Videoüberwachung, Notfalltelefonen usw. ausgestattet werden. Zudem wird der Bahnhof auch aus nördlicher Richtung zu erreichen sein. Dort stehen auf einem ehemaligen Bundesbahngelände heute Wohnungen und Geschäfte. Die dem Bahnhof angegliederte Wagenhalle erfährt keine äußeren Veränderungen. Anders als in Oberbarmen, wo die Strecke in die Wagenhalle hinein zur Kehre führt, befindet sich die Kehre in Vohwinkel im Bahnhof. In Notfällen kann die Wagenhalle aber durchlaufen werden. Die Werkstatt besitzt drei Etagen. In der mittleren ist die Wagenhalle untergebracht. Sie dient, wie die in Oberbarmen, dem Aufstellen und Rangieren der Fahrzeuge sowie deren Reinigung und Wartung. Die Wartungs- und Reparaturebene der Laufwerke liegt über der Wagenhalle. Das Herzstück der Werkstatt befindet sich im unteren Teil des Gebäudes. Hier werden an den Fahrzeugen, nachdem sie herabgelassen worden sind, Generalüberholungen und andere umfangreiche Arbeiten vorgenommen.

Die Bahnsteige der Endhaltestelle Vohwinkel, 1995. Nachdem alle Fahrgäste die Bahn verlassen haben, fährt der leere Zug einige Meter bis zur Kehre, um dann nach kurzer Wartezeit die 30-Minuten-Rückfahrt in Richtung Oberbarmen zu absolvieren.

2

Abriss und Neubau

Mit dem Austausch des Schwebebahngerüsts an der Kluse im November 1997 startete die gesamte Erneuerung der Bahn, der Neubau des Gerüsts und der meisten Stationen. Die Arbeiten sollten bis zum 100. Geburtstag des „Stählernen Rückgrats“ Wuppertals im Jahre 2001 ihren Abschluss finden. Doch wurde das geplante Bauende im Laufe der Zeit immer weiter nach hinten verschoben. Im Moment (Februar 2004) ruhen die Umbauarbeiten an Wuppertals Wahrzeichen, da eine Zuschusszahlung von 120 Millionen Euro, die die Wuppertaler Stadtwerke vorfinanzierten, vom Landesverkehrsministerium in Düsseldorf verweigert wird. Die heute angepeilte Ausbau-Zielmarke liegt im dichten Nebel der Ungewissheit. Laut Wuppertaler Stadtwerke wird der Neubau etwa 376 Millionen Euro kosten. Einige Zeitgenossen halten sogar eine Summe von 500 Millionen Euro für realistisch.

Demontage der alten Haltestelle Robert-Daum-Platz, 1999.

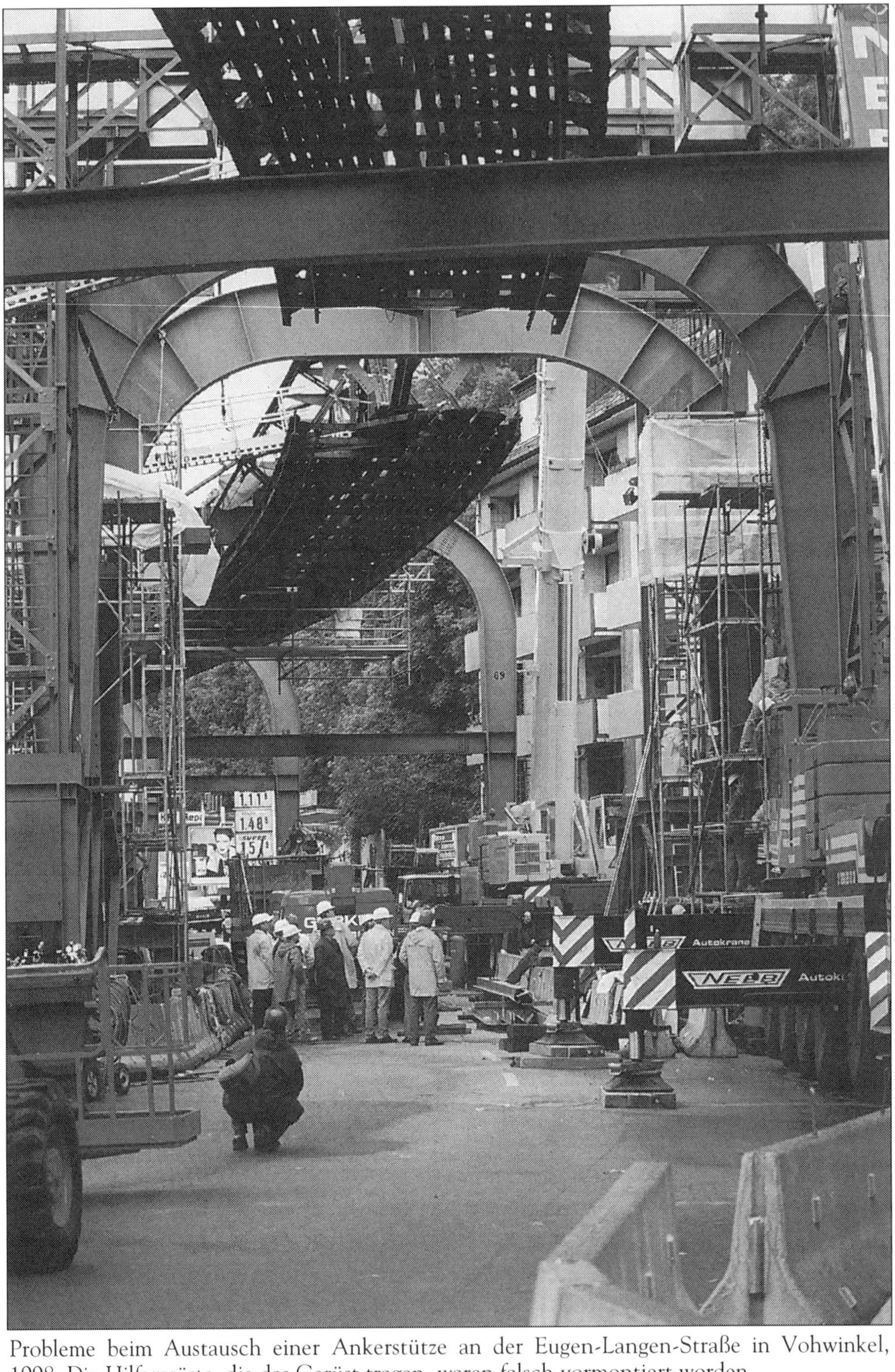

Probleme beim Austausch einer Ankerstütze an der Eugen-Langen-Straße in Vohwinkel, 1998. Die Hilfsgerüste, die das Gerüst tragen, waren falsch vormontiert worden.

An einer Schwebebahnbaustelle arbeiten etwa 35 Personen, vor allem Stahlbauspezialisten, in einer Zwölf-Stunden-Schicht.

Demontage der alten Haltestelle Zoo-Stadion, 2002.

Wie vor 100 Jahren ist bei der Montage der Gerüstteile trotz jeder Menge Hightech auch pure Muskelkraft gefragt.

Austausch des Schwebebahngerüsts an der Kluse, 1997.

Montage einer Portalstütze für den neuen Schwebebahnhof Kluse, 1997.

Die Baustelle Wupper, hier an der Brücke Moritzstraße zwischen den Haltestellen Robert-Daum-Platz und Pestalozzistraße in Elberfeld, 2000.

Schwebebahnbaustelle im Schatten des Justizhochhauses an der Gerichtsinsel, 1998.

Abriss der im Jahre 1899 erbauten Haltestellen Varresbeck (oben) und Pestalozzistraße (unten) der Elberfelder Strecke. (Foto oben von 2001, unten von 2000)

Die Detailaufnahme eines Brückenträgers von 1899 zeigt den schlechten Zustand des alten Gerüsts und die Notwendigkeit eines Neubaus der Bahn, 2001.

Im Bereich Kluse an der Bundesallee, 1998. Eine der 468 neuen Brücken kurz vor dem Einbau ins Schwebebahngerüst.

Gerüstaustausch am Schauspielhaus in Elberfeld, 1999.

Schwebebahnbaustelle in der Varresbeck, 2001. Zwei vollwandige Jochbalken der Fachwerkpendelstützen 116 und 117 der 1898 fertig gestellten Probestrecke warten auf ihren Abtransport zur Schrottpresse.

Ein Abrisskommando bei der Arbeit an der Haltestelle Robert-Daum-Platz, 1999.

Alte und neue Stützkonstruktion über der Bundesallee in der Nähe der Straße „Am Wunderbau" in Elberfeld, 1998. Vorne ist die 1962 montierte schräge Hohlkastenkonstruktion zu sehen, die kurz nach Entstehung dieser Aufnahme verschrottet wurde, im Hintergrund erkennt man die neue bogenförmige Stütze.

Barmen, Unterdörnen, 1999. Das Foto verdeutlicht die Unterschiede von altem und neuem Gerüst. Links zeigt eine Brücke von 1903 die filigrane Konstruktion des alten Gerüsts. Rechts zeigen die neue Pendelstütze und die neue Brücke die massivere Form der modernen Konstruktion. Um das neue Gerüst der Schwebebahn für die nächsten 100 Jahre genügend stabil zu machen, wurde die Stahlkonstruktion um mindestens 30 Prozent verstärkt. Die Anker- und Pendelstützen aller Haltestellen wurden um 50 Prozent verstärkt ausgeführt. Aus Kostengründen weicht das Bild der neuen, sehr massiv konstruierten Ankerstützen deutlich von der alten, filigranen Fachwerkkonstruktion ab. Eine komplett originalgetreue Gerüst-Rekonstruktion hätte den finanziellen Rahmen des Projekts „Neue Schwebebahn" gesprengt. Nur die Anker- und Pendelstützen, die die Bahnhofs-Rekonstruktionen Werther Brücke, Landgericht, Völklinger Straße und Berliner Platz/Bahnhof Oberbarmen tragen werden, bekommen wegen des Denkmal- und Stadtbildschutzes ihr altes Erscheinungsbild zurück. Das neue Gerüst ist wie vor 100 Jahren weitgehend genietet. Eine Nietenkonstruktion ist bei großen Vibrationen auf Dauer haltbarer als die beste Schweißtechnik. Etwa 250 Stäbe besitzt eine der 468 Brücken der Bahn, die wiederum von 3.000 Nieten zusammengehalten wird. Jede Brücke oder Stütze ist ein Unikat, da sie nur für eine bestimmte Stelle der Strecke konstruiert wurde.

3

Fit fürs 21. Jahrhundert: Die „Neue Schwebebahn“

Der neue Wupperfelder Bahnhof, 2004 (Entwurf: Architekturbüro Drosdowski, Radevormwald). Alle Stationen der Barmer Strecke bekamen wie ihre Vorgänger die traditionellen Kragdächer.

Die Bahnsteige der neuen Barmer Haltestellen Wupperfeld in Fahrtrichtung Elberfeld (oben) und Adlerbrücke (Architekturbüro Schuster, Düsseldorf, unten) in Fahrtrichtung Oberbarmen (beide Fotos von 2004).

Die 1967 errichtete Haltestelle Alter Markt, 2004. Mit dem Neubau der Bahn wurden die Technik und die Ausstattung des Bahnhofs dem heutigen Standard angepasst.

Der Bahnhof Loher Brücke, 2004. Der Entwurf entstammt wiederum dem Architekturbüro Schuster, Düsseldorf. Die neuen Haltestellen bringen mit etwa 300 Tonnen Gewicht das Dreifache der alten Stationen auf die Waage.

Elberfeld: Mit der Einweihung des etwas futuristisch wirkenden Bahnhofs Kluse am 27. März 1999 wurde nach 56 Jahren die durch Kriegszerstörung bedingte Haltestellen-Lücke zwischen Landgericht und Döppersberg wieder geschlossen. (Entwurf: Architekturbüro Prof. v. Chamier/ Molina, Düsseldorf)

Innenaufnahme der Haltestelle Kluse in Fahrtrichtung Elberfeld, Döppersberg, 2004.

Die 1982 fertig gestellte Haltestelle Ohligsmühle, 2004. Beim Neubau der Bahn blieb das äußere Erscheinungsbild der modernisierten Station, wie bei der Haltestelle Alter Markt, weitgehend erhalten. (Entwurf: Prof. Rathke, Wuppertal)

Im August 1999 für den Fahrgastverkehr freigegeben: Die Haltestelle Robert-Daum-Platz. (Entwurf: Architekturbüro Jaspert + Steffens, Köln)

Westende (oben) und Varresbeck (unten): Zwei Haltestellen der Elberfelder Strecke, die im Jahre 2001 in Betrieb gingen (Entwurf: Architekturbüro Jaspert + Steffens, Köln). Alle Bahnhofsstützen wurden beim Neubau der Bahn um 50 Prozent verstärkt. (Foto oben von 2004, unten von 2002)

Als einzige Station der Elberfelder Strecke erhielt die Haltestelle Zoo-Stadion ein Flachdach, dazu zwei Aufgänge in jeder Fahrtrichtung und deutlich breitere Bahnsteige. Mit ihrem außergewöhnlichen Entwurf berücksichtigte das Architekturbüro Jaspert + Steffens aus Köln die besondere Aufgabe der Station im Einzugsbereich des Zoologischen Gartens und des Stadions. (Fotos von 2004)

Die kastenförmige Konstruktion der neuen Haltestelle Sonnborn, 2004 (vergleiche Seite 60). Alle Bahnhöfe der Landstrecke erhielten wie ihre Vorgänger ein Satteldach. Bei diesen Bahnhöfen dienen die vier Stützen der Station gleichzeitig als übergroße Ankerstützen, die das Gerüst der Schwebebahn tragen. Dadurch konnte die Pendelstütze der anderen Stationstypen eingespart und Platz im Straßenraum gewonnen werden. (Entwurf: Architekturbüro Prof. v. Chamier/Molina, Düsseldorf)

Innenaufnahme der im Jahre 2002 fertig gestellten Haltestelle Sonnborn, 2004.

Eine neue Generation von Bogenankerstützen auf dem Landstreckenabschnitt, hier an der Eugen-Langen-Straße in Vohwinkel, 2004.

Stellvertretend für alle anderen: eine um 30 Prozent verstärkte, sehr massiv wirkende „Baumarkt-Ankerstütze" der neuen Schwebebahn (vergleiche Seite 11 und 47) an der Rosenau in Oberbarmen, 2004. Das Gesamtgewicht des Gerüsts mit Haltestellen und Wagenhallen wird nach Abschluss der Ausbauarbeiten etwa 38.000 Tonnen betragen. Das Ursprungsgewicht 1903 betrug 19.250 Tonnen.

Leben in der Großstadt ...

Tauchen Sie ein in das quirlige Großstadtleben vergangener Tage. Spazieren Sie über breite Boulevards und stürzen Sie sich ins Nachtleben. Erkunden Sie ihre Stadt durch die Fensterscheiben einer Straßenbahn oder des ersten Käfers und bewundern Sie prächtig geschmückte Schaufenster.

… und ländliche Idylle

Wie sah das Leben in Ihrer Heimat aus, als die Bauern noch mit Pferden pflügten und jedes Dorf seinen eigenen Schmied hatte, jeder noch jeden kannte und das Leben sich zwischen Kirche, Wirtshaus und Wohnküche abspielte?

www.suttonverlag.de

Erinnerungen an die Schulzeit …

Erinnern Sie sich noch an die Zeiten von Abakus und Schiefertafel, an Klassenausflüge oder den ersten Taschenrechner? Blicken Sie zurück auf große Klassen und gestrenge Schulmeister, entdecken Sie auf Klassenfotos Freunde und Bekannte von früher!

Gesellige Stunden im Verein …

Fußballclub und Schützenverein, Musikkapelle und Gesellenverein: Schauen Sie zurück auf Volksfeste und Turniere, Chorproben oder Prunksitzungen. Erinnern Sie sich an schöne Stunden und das gesellschaftliche Leben in Ihrer Heimat.

FSC
www.fsc.org
MIX
Papier | Fördert gute Waldnutzung
FSC® C083411

Zeitfracht Medien GmbH
Ferdinand-Jühlke-Straße 7
99095 Erfurt, Deutschland
produktsicherheit@kolibri360.de

Druck:
CPI Druckdienstleistungen GmbH
im Auftrag der
Zeitfracht Medien GmbH
Ein Unternehmen der Zeitfracht - Gruppe
Ferdinand-Jühlke-Str. 7
99095 Erfurt